国家"十三五"重点规划图书

国家食品安全风险评估中心高层次人才队伍建设523项目

走进 焙烤 的世界

国家食品安全风险评估中心　中国焙烤食品糖制品工业协会　编著

张磊　朱念琳　主编

U0213626

中国质检出版社

中国标准出版社

北　京

图书在版编目（CIP）数据

走进焙烤的世界 / 国家食品安全风险评估中心，中国焙烤食品糖制品工业协会编著 . — 北京：中国质检出版社，2018.1

ISBN 978-7-5026-4507-6

Ⅰ . ①走… Ⅱ . ①国… ②中… Ⅲ . ①焙烤食品—问题解答 Ⅳ . ① TS219-44

中国版本图书馆 CIP 数据核字（2017）第 263117 号

中国质检出版社
中国标准出版社　出版发行

北京市朝阳区和平里西街甲 2 号（100029）

北京市西城区三里河北街 16 号（100045）

网址：www.spc.net.cn

总编室：（010）68533533　发行中心：（010）51780238

读者服务部：（010）68523946

中国标准出版社秦皇岛印刷厂印刷

各地新华书店经销

开本 880×1230 1/32　印张 3.375　字数 66 千字

2018 年 1 月第 1 版　2018 年 1 月第 1 次印刷

定价 23.00 元

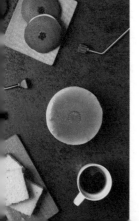

走进焙烤的世界

编委会

主　编：张　磊　朱念琳

副主编：史见孟　张九魁

编写人员（以姓氏笔画为序）：

干文华　王彝白纳　王紫菲

刘艳君　刘超然　闫　琳

孙赫阳　张水亮　张　帅

陈晓红　杨　欣　周　蕊

俞嘉毅　姚圣煊　高炳阳

黄剑平　韩军花　彭亚锋

满冰兵　缪祝群

前言

　　焙烤食品种类繁多，制作工艺独特，以其色、香、味、形俱全深受广大消费者喜爱。焙烤食品主要包括饼干、面包和糕点（中点和西点）等产品。饼干、面包和西点最早起源于欧洲，是欧美等西方国家人民谷类食物的主要消费方式。从广义上讲，我国很多传统地方特色小吃也属于焙烤食品的大家庭，然而焙烤食品成为一个工业体系则是起步于 20 世纪 80 年代初，整体发展在 90 年代末，特别是进入 21 世纪，焙烤食品行业企业加强与国外同行的交流与合作，通过"走出去、请进来"，不断引进国外先进技术、设备和先进管理理念，使中国焙烤食品行业得到了突飞猛进的发展。焙烤食品行业在我国属于发展潜力较大的新兴产业。如今，我国市场上各种不同风格、不同口味的面包和中西式糕点琳琅满目，焙烤食品的花色品种数量、产品质量、包装材料和设计等都有了显著提高，在满足国内百姓消费需求的同时，还有部分产品出口，进入国际市场。焙烤食品在我国已成为一个独特的中西饮食文化交融的食品品类。

　　然而，人们在享受焙烤食品美味的同时，对焙烤食品的了解却远远不够，面对从各种渠道传来的有关焙烤食品的营养、安全性等方面的信息往往不能客观辨析，存在"既想吃又不敢吃"的顾虑。

　　针对这种情况，我们汇集焙烤行业各方面的专家学者和技术人员，编制了这本有关焙烤食品的科普手册。本书针对消费者中普遍存在的疑问，从焙烤食品的基础知识、工艺、原料、营养、安全和前景几个方面展开问答，采用通俗的语言、图文并茂的形式，力求多方面多角度地向读者展现焙烤食品的世界，加深读者对焙烤食品的认识。

　　本书在编写过程中得到了多方的大力协助。北京稻香村集团、北京味多美食品有限责任公司、三能器具（无锡）有限公司为本书提供了精美的图片，在此一并表示感谢。

　　本书在编写过程中经历了各方面专家的多次修改完善，以保证内容的客观性和科学性，但是由于时间有限，难免有错漏和欠缺之处，敬请同行专家和广大读者批评指正，并提出宝贵意见和建议。

编著者
2017 年 12 月

目录

营养篇

目录

基础篇

1

什么是焙烤食品？焙烤食品的种类有哪些？

焙烤食品是以粮、油、糖、蛋、乳等为主料，添加适量辅料，并经调制、成型、焙烤工序制成的食品。目前焙烤食品已发展成为种类繁多、丰富多彩的一大类食品。

根据加工工艺特点，焙烤食品大致可分为：

- 糕点；
- 面包；
- 饼干；
- 其他，如雪米饼、薯片等。

糕点是以谷类、豆类、薯类、油脂、糖、蛋等食材中的一种或几种为主要原料，经调制、成型、熟制等工序制成的食品，以及熟制前或熟制后在产品表面添加或熟制后在产品内部添加奶油、蛋白、可可、果酱等的食品。大致分为中式糕点和西式糕点。

2

糕点的定义是什么？

3

面包的定义是什么?

我国《食品安全国家标准 糕点、面包》(GB 7099—2015) 中面包的定义为：以小麦粉、酵母、水等为主要原料，经搅拌、发酵、整形、醒发、熟制等工艺制成的食品，以及熟制前或熟制后在产品表面或内部添加奶油、蛋白、可可、果酱等的食品。

在国家标准《面包》（GB/T 20981—2007）中，面包产品按其物理性质和食用口感分为软式面包、硬式面包、起酥面包、调理面包、其他面包五类。

美国对面包的定义进行了细化，面包系指焙烤食品冷却后的单位重量为 0.5 磅或大于 0.5 磅的产品，面包卷和小圆面包系指焙烤食品冷却后的单位重量低于 0.5 磅的产品。根据成分和指标的不同可分为：

（1）普通型：含有小麦粉、水、食盐、酵母等基本成分；

（2）营养型：添加了适量的维生素和微量元素等营养物质；

（3）牛奶型：用牛奶或者相关乳制品作为唯一保湿的成分；

（4）葡萄干型：葡萄的用量不低于面包总重量的 50%；

（5）全麦型：面团由全麦面粉制成。

4

饼干的定义是什么?

饼干是以谷类粉和（或）豆类、薯类粉等为主要原料,添加(或不添加)糖、油脂及其他原料,经调粉（或调浆）、成型、烘烤（或煎烤）等工艺制成的食品,以及熟制前或熟制后在产品之间（或表面、或内部）添加奶油、蛋白、可可、巧克力等的食品。

按照加工工艺,饼干大致分为:酥性饼干、韧性饼干、发酵饼干、压缩饼干、曲奇饼干、夹心（或注心）饼干、威化饼干、蛋圆饼干、蛋卷、煎饼、装饰饼干和水泡饼干等。

5

我国糕点早期的发展历程

我国糕点起源于约 6000 年前，历经原始公社、夏朝而至商、周，我国有文字记载的糕点品种逐渐增多，主要有糗、饵、餈、酏食、糁等。到了战国时期，又出现了蜜饵、粔籹、饼等品种。史料和考古成果表明，我国在先秦时期的谷物加工工具经历了漫长的发展过程，由石磨盘（一种搓盘）到臼杵、碓，再到旋转石磨。

据《西京杂记》《方言》《释名》《急救篇》《四民月令》等书记载，汉朝主要的糕点品种达十余种，如多种饼、糕饵、粔籹、枣糒等。

6

中式糕点有哪些地方风味？

具有中国传统风味和特色的糕点称为中式糕点。中式糕点具有历史悠久、用料广泛、工艺精湛、品种繁多等主要特点。由于我国幅员广阔、资源丰富，加上受各地气候、物产、人文特点、生活习惯等方面差异的影响，逐渐形成了多个具有浓郁地方风格与特色的类别。从全国来看，糕点在选料、口味、制作工艺上大体形成了广式、京式、苏式、扬式、闽式、潮式、宁绍式、川式、高桥、滇式、秦式、晋式、哈式、豫式、鲁式、徽式、冀式、湘式、台式等地方风味。

7

面包的娘家在哪里？

面包起源于一种麦粒制成的扁饼。早在石器时代，瑞士日内瓦湖畔的居民将谷物用石块舂碎，用水拌和做成扁饼状在烧热的石头上烘烤，制成一种不发酵的饼食。发酵面包的诞生则要追溯到公元前 5000 年的古埃及，当时可能是野生酵母菌侵入到这种麦粒扁饼的面团中，便产生了世界第一个发酵面包。考古学家在埃及的古墓随葬品中发现了已成为化石的古面包。所以，世界公认埃及是面包的发源地。

西式糕点和面包制作技术由国外传入我国主要有两种途径：一是明朝万历年间由意大利传教士和明末清初德国传教士传入我国东南沿海城市广州、上海等地，继而传入内地；二是1867年由沙俄修建东清铁路时传入我国东北。

8

西式糕点和面包制作技术是怎样传入我国的？

9

饼干是如何诞生的?

饼干 (biscuit) 一词来自拉丁语 panis biscoctus,指经过两次烘制的面包,也指远自欧洲中世纪以来为船员制作的干面包片(船用饼干)。1605 年已有将黄油放在擀制的面团片之间制作叠层类糕点,在配方中加入足够的糖使面片在烘烤后从铁板上卷起制作华夫卷的资料记载。

饼干技术于 20 世纪初传入我国,现在的饼干技术要丰富得多。

月饼的雏形最早出现在唐代，《中国风俗辞典》说："唐高祖年间，大将军李靖征讨突厥凯旋而归，时日正逢八月十五。李渊为庆祝北征胜利，令御厨特制彩色圆饼（一说是当时在长安经商的吐鲁番人献饼祝捷），亲自迎接凯旋之帅。当时李渊手捧圆饼先祭明月说：'应将胡饼邀蟾蜍'，然后分赠给群臣一起食用。"从此，八月十五吃月饼的习俗就沿袭下来了。

10

月饼的起源

11

生日蛋糕的起源

关于生日蛋糕的起源有很多传说。一般认为生日蛋糕最早起源于中世纪欧洲，当时人们认为生日这天是灵魂最容易被恶魔入侵的日子，于是亲朋好友聚集在一起并赠送蛋糕为过生日的人祈福。最早的时候这一殊遇只有国王才能享有，之后逐渐演变为一种大众习俗。而生日蛋糕上的蜡烛则与希腊神话中月亮女神阿特密斯的传说有关。为庆祝月亮女神的生日，人们会用月华之光来装饰礼物，因此生日蜡烛也代表着月亮纯洁之光华。

12

蛋糕的规格是如何表示的?

购买装饰的圆形蛋糕时,许多消费者往往习惯询问"几寸",这是询问蛋糕的大小,随着寸数越大,蛋糕就越大。我们通常讲的寸实际上是英寸,1英寸是2.54cm,每增加一英寸则以2.54cm为一单位增加。

"寸""英寸"是我国已经废止的非法定计量单位,不允许在生日蛋糕产品标签上作为法定计量单位单独使用。许多生日蛋糕生产企业为了遵从消费者的习惯,在商品标签的品名上同时用寸加以说明,如15cm(6寸)奶油裱花蛋糕,以便于消费者识别。

13

人们经常说的"面筋"是什么?

　　面筋是面团在水中搓洗时,一些可溶性物质溶于水中,最后由面筋质蛋白质吸水膨胀,形成的具有一定物理性能的胶状物。它是所谓的粗面筋,也叫湿面筋,含水量 65%~70%,经烘干后即为干面筋。面筋主要由麦胶蛋白和麦谷蛋白这两种蛋白质组成,约占干面筋总量的 80%,其余 20% 左右是淀粉、纤维素、脂肪和其他蛋白质。

　　面筋对我们制作焙烤食品有很大影响,有的产品需要较高面筋含量的小麦粉,有的需要较低面筋含量的小麦粉,必须要选择好。

焙烤食品的保存方式和保存期限取决于食品本身的特性以及食品的包装形式。

水分含量较低的食品（如饼干）和重油、重糖的糕点（如广式月饼），保质期相对较长，可以常温保存，但应该注意密封防潮，存放在清洁、通风、干燥、阴凉的环境中。水分含量较高的焙烤食品，特别是冷加工产品（如表面覆盖了火腿、蔬菜、奶油等的面包），应该冷藏保存。蛋糕类产品和一些夹心、注馅类产品由于注重原料的新鲜，追求甜美细腻的口味口感，在冷藏的条件下3天内食用品质最佳。

散装产品受环境的温度和湿度的影响大，保存期限较短，即买即食为好。真空包装食品在阴凉、干燥、常温的环境下保存期限较长，可保存90天及以上，若发现胀袋、漏气现象，则不能食用。真空包装拆开后应尽快食用，2天内最佳。

14

如何保存焙烤食品？

15

裸麦面包为什么要切成薄片食用？

一般德国的裸麦面包，裸麦的比例较大，面包也更重。因为裸麦粉与高筋小麦粉不同，无法形成面筋组织，发酵时无法将二氧化碳保持在面团中，所以不能形成蓬松轻软的面包，面包内侧紧实厚重，相当耐嚼。

因此，德国裸麦面包会切成薄片，涂抹上奶油和起司，夹上火腿和蔬菜做成三明治来食用。如果面包切得太厚，在口中会干硬而且非常不容易咀嚼。此外，因风味独特，如果切得太厚，也会喧宾夺主地取代夹在中间的食材风味。

工艺篇

16

焙烤食品是怎样生产的?

　　焙烤食品的主要原料为谷类、豆类、薯类、糖、油脂、鸡蛋等。生产焙烤食品时,先将不同的原料按照一定的配方比例进行混合、调制,制出所需的面团、面糊、馅料、糖浆等,经成型(如将面团夹馅或不夹馅后做成所需的形状)、熟制(烘烤、油炸、炒制、蒸制等)、冷却、包装等工序,方可制成焙烤食品。若产品为冷加工产品(如夹馅的蛋糕),则在半成品冷却后,还需要进行二次加工(如夹馅、拌制等)。

17

面包的发酵工艺有哪些？各有什么特点？

制作面包时采用的发酵方法主要有直接发酵法（一次发酵法）和中种发酵法（二次发酵法）两种方法。

直接发酵法（一次发酵法）是将所有的面包原料一次混合调制成面团，进入发酵制作程序的方法。这也是我们家庭常用的方法。直接发酵法操作简单，发酵时间短，做出的面包口感、风味较好，节约设备、人力、空间。缺点是面团的机械耐性、发酵耐性差，成品品质受原材料、操作误差影响较大，面包老化较快。

中种发酵法（二次发酵法）是先将一部分小麦粉、全部或者大部分的酵母、酵母营养物等品质改良剂、麦芽粉等酶制剂、起酥油和水先调制成"中种面团"发酵，然后再加入其余原辅料，进行主面团调制，再进行发酵、成型等工序。中种发酵法制作的面团发酵充分，面筋伸展性好，有利于大量、自动化机械操作（机械耐性好）。成品比直接发酵的产品体积大、组织细腻、表皮柔软、有独特芳香风味、老化慢。缺点是发酵时间长，能耗大，发酵过程损耗大，成型要求高，对家庭以及工业化的需求高。

18

面团醒发在什么温度下发酵最好?

面团的醒发依靠酵母。酵母是单细胞真菌微生物,在适宜的温度及湿度下快速繁殖并产生大量二氧化碳气体,使面团的体积膨胀变大。

酵母菌在低于5℃的温度下,繁殖速度是很慢的,在27℃左右,酵母菌开始进入较快的繁殖速度,在37℃左右产气能力最强,酵母菌在超过50℃后会逐渐死亡。

在制作面包过程中我们控制面团发酵温度就能控制面团发酵状态,季节不同、室温不同、搅拌时间不同都将影响面团发酵状态,用醒发箱等恒温设备来控制发酵是现代面包制作的好方法。

19

面团含水量对面包品质有什么影响?

加水量多的面包更柔软,口感好,面包成本还低,但也有一个极限。

一般来讲,软质面包面团的加水量在45%~65%之间,有的甚至可以达到70%。决定加水量的因素有温度、原料等因素,也与发酵工艺和操作水平有关。

相同含水量的面团,用直接发酵法制作比用二次发酵法制作要硬些,面团发酵所需时间也更长些。

20

不同类型的饼干在面团调制工艺上有何特点？

不同类型饼干的面团调制工艺有各自的特点和要求，主要体现在糖油用量、搅拌方式、加水量、温度、静置时间等方面。

（1）酥性饼干：①糖和油用量较高，糖用量为面粉的32%~50%，油脂用量为面粉的40%~50%。②调制面团过程中不能随便加水，不能边搅拌边加水。加水量控制在3%～5%，最终面团含水量在16%~20%。③酥性面团为冷水面团（俗称冷粉），调制好的面团温度较低，应控制在20℃~26℃。④调制面团时间要适宜。较软面团易起筋，调制时间要短。⑤静置时间由面团性能决定。

（2）韧性饼干：①糖和油用量少，面筋形成量大。②面团含水量控制在18%~24%。③韧性面团为热水面团（俗称热粉），调制好的面团温度高，应控制在38℃~40℃。④韧性面团调制分为两个阶段：第一阶段是面粉吸水，形成面团，面团内部形成网状结构；第二阶段面团中蛋白质热变性，无法形成面筋质，面团弹性显著降低，面团调制完成。为保证面团的柔软性，不仅要用热水调面团，还要保证面团调制的第二阶段使蛋白质大部分变性，面团失去筋力。如果面团弹性过强时，需静置15min~20min，甚至30min，使面筋松弛。若物理性状符合要求则不需静置。

（3）半发酵饼干：①与酥性饼干相比，糖和油用量最大限度地降低。②加水量应一次加够加准，否则在拌面时再加水容易起筋。③静置时间 5min~10min。

（4）苏打饼干（发酵饼干）：①油脂总量比韧性饼干和低酥性饼干高，但油脂过多不利于酵母发酵。②面团调制采用二次发酵法。第一次调制使用面粉总量的 40%~50%，加入酵母液，调制 4min~6min，至面团软硬适度，无游离水，即可进行第一次发酵。发酵完毕后，面团形成海绵状组织，面筋量减少，面团弹性降低，面团 pH 降低为 4.5~5。第一次发酵时间为 6h~10h。③在第一发酵好的面团中加入其余 50% ~ 60% 的面粉以及油脂、鸡蛋、乳粉等原辅料，调制 5min~7min。若需加小苏打，应在调制接近终点时加入。第二次发酵时间为 3h~4h，第二次调制时应尽量选择低筋粉。

21

为什么有的稀奶油不易打发?

稀奶油含脂率通常在 10.0%~80.0% 之间,而常用于打发的稀奶油的含脂率一般在 35% 以上。含脂率低于 30% 以下的稀奶油不太容易打发,较常用于制作奶油浓汤之类的西餐。此外,温度等因素也会影响稀奶油的打发。

22

为什么稀奶油要低温打发？

稀奶油在较低的温度下其延伸性、持气性好，能打出较好的膏状，这是由稀奶油中成分的性能决定的。首先，动物脂肪在较低的温度下会保持较好的固态，随着温度的升高，油脂容易液化。其次，如使用一些明胶类的增稠剂，其在较低温度下的凝固性能更好，打发的稀奶油稳定性会变好。但温度过低也不利于打发，一般以 7℃ ~10℃为佳。

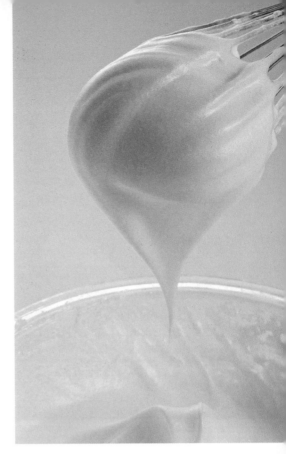

23

如何在低温下打发稀奶油?

可以将稀奶油浸泡在冰水中打发。打发的过程中在搅拌缸外侧底部放点冰块来起到降温的作用，俗称坐冰。由于打发的过程本身会产热，坐冰可防止温度升高、稀奶油融化、打发后不容易定型的问题。另外，在打发稀奶油之前，除了保证稀奶油冷藏之外，最好把打发的盆和打蛋器在冷冻室放置 10min，以帮助打发。

蛋糕生产企业一般在打发前将稀奶油放在冷藏室冷藏几小时，让稀奶油的温度降低到 5℃以下，打发后的奶油状态最好。

清蛋糕又称为海绵蛋糕，主要是利用物理膨松的方法。通过机械的急速搅拌使蛋液充入空气，大量空气形成的细小气泡被均匀地包在蛋清膜内，经加热后，蛋清内的空气膨胀，而蛋清胶体性能的韧性使其不会破裂，从而使膨胀的空气被禁固在面团内，烘烤中的蛋糕体积因此而膨松增大。

24

清蛋糕膨松的原理是什么？

25

做清蛋糕时，打蛋清要注意什么？

打发蛋清要注意以下几点：①打蛋的容器必须是无水无油。②不能有一点点蛋黄掉在里面。③加几滴白醋更有利于打发。④加一点玉米淀粉使不容易消泡。⑤糖要分批加，最好不要一下子全都加进去。先慢速将蛋清打出大泡，然后加三分之一糖，到蛋清成泡沫状再加三分之一，开始凝固时再加剩余的打到最后。⑥要保持一个方向搅打，不能换方向。蛋清打不成完美的奶油状也可以做清蛋糕，只是效果不好。

26

清蛋糕制作中蛋清的搅打是否时间越长越好呢?

蛋清打发以表面光滑雪白、纹路清晰不易消退、抬起打蛋器时泡沫明显挂壁并可形成明显的小尖峰为宜。过多地搅打会破坏蛋清的胶体性能,使蛋清保持气体的能力下降,泡沫坚硬,拌糊时操作困难,而且会导致蛋糊稀薄、气体散失,因此并不是搅打时间越长越好。

27

为什么做戚风蛋糕时需把鸡蛋的蛋黄和蛋清分开?

　　戚风蛋糕因柔软膨松、水分多、味道清淡而广受欢迎。为了使戚风蛋糕膨松柔软，必须把蛋清与蛋黄分开。因为蛋白经机械搅打具有良好的起泡性，而蛋黄中的卵磷脂具有亲水亲油的双重特性，将蛋白、蛋黄分开搅打的方法，能让蛋白、蛋黄充分地发挥各自的特性和作用，使戚风蛋糕比全蛋打发的蛋糕更加细腻、润软而富有弹性。

油蛋糕是含有较多天然奶油或人造奶油等，常温下为固态油脂的蛋糕，其膨松度不如清蛋糕。油蛋糕对蛋液搅打的要求不高，其松软的效果主要依靠对脂肪的搅打以及蛋液与油脂的乳化作用。油蛋糕面糊的搅拌方法主要有糖油搅拌法、粉油搅拌法及全料搅拌法三种。

制成的油蛋糕应形态规范、外观完整、表面无塌陷或隆起；表面开花自然，色泽均匀呈棕黄色、内部呈金黄色；膨松适度、气孔均匀、内部无粘连；口感松软、甜度适中。

28

油蛋糕的工艺特点是什么？

29

卷制蛋糕中间为何要涂抹鲜奶油或果酱等？

卷制蛋糕是把烘烤好的片状蛋糕进行卷制，涂抹鲜奶油和果酱等材料，既可调节口味，又能起到粘结蛋糕的作用。

30

蛋糕烘烤过程中能随意打开烤箱吗？

蛋糕在烘烤过程中，不要随意打开烤箱，因为打开烤箱会使内部热气散失，温度不稳定，影响制品膨胀，成品易于变形。

31

蛋糕装饰时常用的工具有哪些?

蛋糕装饰时常用的工具有: 转盘、
抹刀、弯刀、锯齿刀、塑料刮片或刮刀、
糖衣网架、糖衣梳、撒糖器、蛋糕圈、
装饰纸板、裱花袋和裱花嘴、纸锥等。

32

做蛋糕为什么要加糖?

做蛋糕时加糖具有以下作用:

(1)可调节蛋糕的甜味;

(2)使蛋糕烘烤时上色,散发香味;

(3)保持蛋糕的水分及起到防腐作用;

(4)提高打发泡沫的起发性和稳定性,使面糊光滑,产品柔软。

为什么英式面包或吐司稍稍放置后
会比刚烤出来的好吃？

刚烘烤完成的面包中含有大量的水汽，立刻食用会有黏黏糊糊的口感。大约半小时稍稍放凉，面包中多余的水汽释放之后，才会有轻盈的口感。另外，溶于水汽中的发酵物质（如酒精、有机酸等）会连同水分一起挥发，发酵的气味也会随之消失。烘烤完成时的温度约有 90℃，只会感觉到烫口而很难品尝得出美味的状态，稍经放置后，可以尝得出面包原本应有的风味。

34

酸奶在焙烤食品中如何使用更科学?

　　酸奶一经加热，所含的大量活性乳酸菌便会被杀死，不仅丧失了它的营养价值，也使酸奶的物理性状发生改变，形成沉淀，特有的口味也消失了。因此，酸奶更适合使用在冷加工焙烤食品中。

35

小型厨师机适合搅打面包面团吗？

小型台式厨师机很适合搅打蛋糕面糊、奶油打发等较为稀薄的原料，那么能否搅打面包面团呢？

很多厨师机内电动齿轮是硬塑料制作的，高强度、长时间地运转对齿轮的损耗会很大，特别是一些进口的厨师机内的齿轮是"非标"的，损坏后修理也会比较麻烦。小型台式厨师机的额定功率一般小于 1000W，较小的额定功率适合搅打份量较少或面筋较弱的面团，所以用厨师机搅打面包面团一定要控制好用量，1000W 左右功率的厨师机一般搅拌面包面团不超过 600g。面包制作中的高筋粉因筋力强，搅打到后阶段筋力更强，超负荷运转对机器的损害很大，因此不适合用小型台式厨师机。

36

如何选择家用小烤箱？

目前市场上常见的家用烤箱主要有嵌入式热风烤炉和台式远红外烤炉两种。这两种烤箱的发热原理不尽相同。热风炉的热量传递是通过风扇把热风吹进炉内，炉内的温度是均匀的，也就是烤箱内没有上火和下火温度之分，较适合对烘烤温度要求相对不高的制品。台式远红外烤炉具有上下两组发热装置，前几年的家用小烤箱功能相对简单，只能单独控制上下火温度，最近几年家用小烤箱的功能得到了很大的进步，基本达到了专业烤箱的功能设置。

选用家用小烤箱应该根据自己的需求不同，考虑几个要素：

一是功率。家用烤箱功率低于1500W，烘烤效能相对差，不太适用于对烘烤温度要求较高的制品。

二是容积。容积小于25L的小烤箱一次烘烤产品少，不适合烘烤较大型制品，如烘烤一个20cm（8寸）圆形蛋糕坯，在30L以上的烤箱内烘烤更适合。

三是发热装置。烤箱内上下装置各三根发热管，比只有两根发热管的发热效用更高；用U型发热管的比用直管的发热更均匀。

37

如何把控家用新烤箱的烘烤温度？

初期使用的烤箱，应该制作一些烘烤要求相对简单、尺寸相对较小的制品。

如用小塔模制作 60g 左右的黄油蛋糕：

（1）设定温度：新烤箱可设定在 175℃ ~180℃，预热。

（2）制品放置：将置模的面糊放置烤盘，插入家用烤箱的中层烘烤。

（3）烘烤时间：蛋糕烘烤 20min 左右后，观察烘烤状况，以判断新烤箱的温度状况。

蛋糕上色快，颜色很深，表明烤箱上火温度偏高，相反为偏低。

用竹签或牙签插入蛋糕中间，拔出的竹签上带有湿的面糊，表明蛋糕还未成熟，如蛋糕表面已上色，应考虑：

（1）在制品表面盖纸，隔热，防止蛋糕表面进一步焦化；

（2）将烤盘放置到烤箱的最下一层，继续烘烤；

（3）降低面火温度至 165℃ 左右，降温烘烤，阻止表面上色过快。

5min 后再次用竹签测试蛋糕是否成熟，没有湿面糊带出，表明蛋糕已成熟。

工艺篇

38

常见的焙烤纸有哪几种?

常见的焙烤纸有防油纸、半透明纸和硅油纸。

防油纸又名烤盘纸、烤箱纸、蒸笼纸,是能防油脂吸收渗透的纸。这种纸的纸张表面无油纸的光亮,主要用途是烤面包、烤蛋糕、烤饼干时垫在食物下面,以保持烤盘的干净。

半透明纸的表面经过超级轧光,呈现油亮的光泽。它的用法基本上跟防油纸一样,最大的区别就是不防油,防水性也没有防油纸好。

硅油纸又称烤肉纸、涂硅纸,是在半透明纸或防油纸的基础上涂上食品等级的硅油。这种纸的优点是剥离度特别好,食品不容易粘在纸上,而且耐高温,缺点是价格贵。

原
料
篇

39

焙烤食品常用的原辅料有哪些?

焙烤食品常用的原辅料有小麦粉、食糖、
食用油脂、蛋、乳、酵母、食盐、坚果、水
果、各种馅料、装饰料等。

40

小麦粉作为焙烤食品的原料有什么特点?

一般情况下，大部分面包都是用小麦粉制作。小麦之外的其他谷物，都是禾本科一年生草本类，主要的成分是淀粉，而且含有蛋白质、灰分等。但是小麦中富含其他谷物中所缺乏的醇溶蛋白（gliadins）与麦谷蛋白（glutenins）。醇溶蛋白与麦谷蛋白不溶于水，相反地可以吸收水分，而再施加物理性力量（如揉和、揉搓、敲打、推拉等力量）时，就会生成被称之为面筋（gluten）的具黏性弹力的网膜组织。这个面筋的网膜组织，就是制作蓬松柔软面包等食品时所不可或缺的。

41

小麦粉的种类有哪些?

小麦粉按照加工精度可分为特制一等粉、特制二等粉、标准粉和普通粉。随着食品工业的发展，我国在 20 世纪 90 年代初期出现了专用粉，如面包用小麦粉、发酵饼干用小麦粉、蛋糕用小麦粉等。尽管有了这些专用粉产品，但是因为品种不够齐全，现在更多的是按照面筋质含量（或蛋白质含量）不同分为高筋粉、中筋粉和低筋粉三种类别。

42

高筋粉、中筋粉和低筋粉的区别在哪里？
各适用于哪类焙烤食品？

高筋粉的面筋质和麸质含量较高，颜色较深，本身较有活性
且光滑，手抓不易成团状，比较适合用来做面包、油条等延展性
强的食品。

中筋粉颜色乳白，面筋质介于高、低筋粉之间，质地半松散，
一般用于中式面点的制作，比如包子、馒头、面条等。

低筋粉面筋质较少，筋性弱，颜色偏白，用手抓易成团，比
较适合用来做蛋糕、松糕、饼干以及挞皮等需要蓬松酥脆口感的
西点。

43

为什么制作面包使用高筋粉更适合?

高筋粉正如字面的意思,是具有较高筋度的小麦粉。什么是较高的筋度呢?筋度是指面筋的力道,也就是具有较高的黏性、弹力等特性。使用面筋力道强劲的小麦粉,是为了防止面包面团发酵时所产生的二氧化碳逸至面团外,需要具有弹力的面筋薄膜组织。如果这个薄膜组织是无法保留住二氧化碳的脆弱状态,那么就不能制作出蓬松包含气泡的柔软面包了。为了达到这个效果,就需要有相当分量的小麦蛋白。在面包制作上,小麦蛋白含量11% 以上的高筋小麦粉是较理想的选择。

44

低筋粉可否用淀粉代替?

低筋粉简称低粉、薄力粉，通常用来做蛋糕、饼干、小西饼点心、酥皮类点心等。做海绵蛋糕也选用低筋粉，因为低筋粉筋力弱，制成的蛋糕特别松软，体积膨大，表面平整。低筋粉虽然筋力弱，但是并非没有筋力。而淀粉则是从小麦等各类谷物中分离蛋白质和其他物质后得到的一种多糖物质，它不溶于水，在热水中会吸水胀大而变成具有黏性的半透明胶体溶液。淀粉的主要成分是 80% 以上的碳水化合物和少量的水分，缺失生成筋力的蛋白质成分，所以不可代替低筋粉来使用。

45

高筋粉可以用低筋粉或中筋粉
去除部分淀粉来合成吗?

如果想做蛋糕又买不到低筋粉的话，可以用中筋粉加入玉米淀粉进行稀释，也是可以做蛋糕的。也就是说低筋粉可以用中筋粉加淀粉来代替，但不可以反过来用低筋粉或中筋粉来制作高筋粉。目前还没有将中筋粉或者低筋粉中的淀粉含量降低而提高蛋白质含量的简易方法。

46

高筋粉加上低筋粉，是否就等于中筋粉？

理论上来说完全可以，问题是多少比例合适，而且低筋粉比较松软，中筋粉比较紧实，所以高筋粉加上低筋粉，混合出来的中筋粉与普通的中筋粉还是有区别的。在西点配方里会特别注明需要哪种小麦粉，一般可以用中筋粉代替高筋粉或者低筋粉，不会有明显差别。

47

小麦粉一定是越白越好吗？

在小麦粉加工过程中，如果皮、种皮和胚都作为"麸皮"被分拣开后，剩下的部分就是小麦胚乳。一般来说，小麦粉颗粒（绝大多数成分是小麦胚乳）越细，对光线的反射效果越好，在视觉上就显得更白。然而，影响小麦粉色泽的因素还不光是小麦胚乳本身，小麦外皮的颜色也是不可忽视的。特别是红粒小麦的外皮会破碎成带颜色的小颗粒（被称为"麸星"），如果分拣不干净，就会让小麦粉变黑。相较而言，白粒小麦的外皮即使混入小麦粉，影响也比较小。实际上，红粒小麦的蛋白质含量通常会更高，它们也是目前国际上种植面积最大的种类。

因此，小麦粉并不一定是越白质量越高，要根据实际用途选用。比如西方烹饪中小麦粉多用于焙烤，就不太关注小麦粉白度。

48

全麦小麦粉其实是最次的小麦粉吗？

在古代，小麦的产量并不高，所以当时只有宫廷的贵族和宴会的时候才会烤小麦面包，一般平民以大麦等谷物制作的面饼为主食。用小麦粉做的面包也有质量的差别，当时以精粉制作的面包为最佳，既营养又容易消化。其次是较为粗的小麦粉，最差的是没去麸皮的全麦面包。然而到了 20 世纪后期，这种观念被彻底颠覆，全麦面包因营养价值较高而受到消费者喜爱。

从工艺上来说，全麦小麦粉确实比精制小麦粉简单，但是并不能由此说明全麦小麦粉更次。从价格上来说，全麦小麦粉比精制小麦粉价格反而贵，主要是全麦小麦粉没有去除麸皮，储存时间比精制小麦粉短，也增加了成本。精制小麦粉做的东西比全麦粉做的东西口感更为细腻，更容易消化，可以用来做各种美味的食品。在过去，精制工艺不普及，只有富人才能吃得起精制小麦粉。而如今，精制小麦粉工艺已经非常普及，普通人都消费得起。但是精制小麦粉在加工过程中损失了较多的营养成分，随着人们生活水平的不断提高，常年食用精制小麦粉会导致营养不均衡，适当添加全麦成分，不但热量低，还可以补充谷皮纤维素和维生素 E 等。

因此，并不能说全麦小麦粉就是最次的小麦粉，只是全麦小麦粉口感比较粗糙但营养更丰富一些，而精制小麦粉更细腻一些，分别适合不同的消费需要。

49

做面包时为什么经常要加糖？

　　酵母的生命活动离不开糖，面包面团中加入一定量的糖有助于酵母的生长繁殖，可加快面团的发酵速度。

　　在加热时，糖会产生焦糖化作用和美拉德反应，两种反应的产物都能使烘焙制品呈现出诱人的红棕色和独特的焦香味，赋予制品理想的风味。

50

什么是糖粉？焙烤食品中什么情况下适合使用糖粉，什么情况下使用细砂糖？

糖粉就是将白砂糖磨成了非常细小的粉末状。但白砂糖在磨成粉后非常容易吸潮结块，所以为了避免这种现象，生产工艺中通常都会在糖粉中加入很少比例的玉米淀粉，以防止结块，这就是糖粉。糖粉非常细腻，很适合用来制作饼干或蛋糕，同时由于在焙烤过程中经常需要和黄油混合均匀打发，糖粉因细腻而更加容易与这些材料混合。所以，焙烤中糖粉是必不可少的。

白砂糖由于制作工艺的不同，会有粗砂糖和细砂糖之分。在家庭焙烤中，使用频率最高的一般都是细砂糖，因为它的颗粒细腻，更容易溶于面糊或者面团中，也更易与其他食材混合，提高打发效率。而粗砂糖因为颗粒较大很难溶解，一般只用于熬制糖浆等操作。

51

焙烤食品中的糖能用木糖醇代替吗?

    我们通常所用的糖主要是蔗糖,在焙烤食品制作过程中除用来增加甜度外,还是酵母菌的重要营养物质,是保证发酵效果的关键因素。而木糖醇只能用于增加食品的甜度,不能被酵母菌利用。所以,在制作饼干、蛋糕等不需要酵母的焙烤食品时,完全可以用木糖醇来代替蔗糖,但是在面包等有酵母的配方中,就不能完全替代蔗糖,可以按一定的比例配合使用。

52

蛋糕油的主要成分和作用

蛋糕油又称蛋糕乳化剂或蛋糕起泡剂，它的主要成分是乳化剂，如单甘酯、蔗糖酯、聚甘油酯、山梨糖醇等。这些成分具有良好的表面活性作用，能降低油水表面张力，并提供良好的起泡能力，同时还能与蛋白质及小麦粉等作用，使蛋糕面糊体系稳定，从而改善面糊的焙烤稳定性，并最终改善蛋糕的结构和品质。

蛋糕油的主要作用如下：

（1）乳化性：在制作含有大量糖、油、蛋、水等原料的蛋糕过程中，能够将配方中所有原料混合成均匀的乳化体系，制作的蛋糕组织均匀，绵滑松软，并且保持柔软，延长货架期。

（2）融和性：能够包裹空气，使蛋糕体积增大，稳定蛋糕面糊。融和性越好，气泡越细小、均匀，筋力越强，体积不但能发大，组织也好。而且均匀气泡的形成使得焙烤时传热均匀，透热性良好，风味好。

53

蛋糕油的主要特点

蛋糕油具有如下特点：

（1）打得快、蛋糊稳定性好

短时间内即可将蛋浆打成泡沫，一般快速搅拌时间在3min~4min，全过程7min~10min；而且蛋糊稳定性好。

（2）发得高

烘烤出的蛋糕体积与不使用蛋糕油的相比，其体积可增大10%~20%。

（3）组织好

烘烤出来的蛋糕组织结构细腻，均匀，口感良好，对组织改善尤为显著。

（4）香味浓

能突出蛋糕的香味，风味更浓。

（5）口感好

保湿性好，入口更润滑。

（6）应用广

除了制作蛋糕外，还可在月饼、面包、酥饼等食品中起到较大的作用。

54

焙烤食品中使用的乳品有哪些?
对产品的制作有何帮助?

焙烤食品中应用的乳品有牛乳、炼乳、奶粉、稀奶油、奶油和奶酪等。

乳品作为制作焙烤食品的原料可增强产品风味及滋味,提高产品营养,增强面团发酵耐力等面团的加工性能,还能提高起泡性和产品的抗老化性,对产品的外表颜色和成品的结构也有帮助。

55

牛奶与稀奶油有何不同呢?

　　牛奶和稀奶油都是由牛的鲜奶(生乳)而来,两者的不同在于乳脂肪含量。一般牛奶乳脂肪含量在 3.1% 以上,用于打发的稀奶油乳脂肪含量则是 35%~50%。

　　生乳中的乳脂肪是以脂肪球的粒状分布在水分当中,因为粒状较大,稍微放置后,脂肪球就会浮至表面形成奶油层。取出的这层奶油层,就是稀奶油。工业上,将生乳稍微加热后,利用离心分离机,可以分解成脱脂牛奶和奶油。

56

稀奶油和植脂奶油有何不同？

"植脂奶油"是一种食用油脂制品，是"稀奶油"的代用品。稀奶油来自牛乳，植脂奶油通常是以植物性油脂（如棕榈油、椰子油、油菜籽油以及大豆油等）添加乳或含乳成分制作而成。这些植物性油脂与乳脂肪相比，在硬度、口感、对氧化的稳定性等方面都有所不同。目前随着油脂技术的创新，通过分提、酯交换等工艺，也可以使不含有对人体有危害的反式脂肪酸的植物性油脂的特性接近于乳脂肪。乳脂肪的"稀奶油"原本就含有少量天然的乳化剂，而需要达到稳定的特性，通常也会添加数种食品乳化剂。植脂奶油中添加一些香精和胡萝卜素也能达到稀奶油的香味和色泽，再经过均质化、加热杀菌、冷却、熟成的步骤后完成。

57

什么是氢化植物油？食品行业为什么要使用氢化植物油？

众所周知，脂肪、蛋白质和碳水化合物是人们日常所需的三大基本营养素。最初，一些加工食品因特性需要使用动物油脂作为其脂肪来源，但是后来研究发现，动物脂肪中的饱和脂肪酸会对心血管健康有害，于是开始考虑用植物油（不含胆固醇）替代。但植物油大都由不饱和脂肪酸组成，常温下为液态，易被氧化变质，无法长时间储藏，不符合某些食品的特性需求。

经部分或全部氢化的植物油在常温下为固态或半固态，具有抗氧化稳定性好、易储存、货架期长、口感好、成本低等优点，既能满足加工需求，又能避免饱和脂肪酸带来的健康危害。因此，氢化植物油在食品行业中得到了广泛使用。

氢化植物油产品包括植脂末、人造奶油、代可可脂等，主要应用于焙烤食品和糖果行业，也可应用在饮料、冰激凌、煎炸食品等其他一些食品领域，通常出现在面包、饼干、蛋糕、代可可脂巧克力等食品的夹心、涂层或面饼中。需要指出的是，虽然氢化植物油的使用为消费者提供了更加丰富美味的食品，但其副产物反式脂肪酸的危害也逐渐被人们认识并重视。目前，油脂生产企业大多使用棕榈油作为氢化油的原料，使产品中反式脂肪酸含量非常低。同时还可以通过采用酶法或化学脂交换、产品配方调整、分提技术、改进氢化工艺等技术降低反式脂肪酸的含量。近几年，我国许多正规油脂生产厂家纷纷采取有效措施、改进生产工艺，生产反式脂肪酸含量低或基本不含反式脂肪酸的植物油脂。

58

做蛋糕一定要用鸡蛋吗？鸭蛋可以吗？

鸭蛋和鸡蛋相比较，腥味较重，做出的蛋糕口感没有鸡蛋那么细腻，因此，一般不用鸭蛋做蛋糕。

59

已经打出来的鸡蛋放冰箱后还能做蛋糕吗?

已经打出来的鸡蛋如放到冰箱里冷藏储存，最好不要超过一天。做蛋糕时拿出来之后应马上使用，以免回暖过程凝聚过多的水蒸气，另外还要注意不要沾上冰箱里其它食品的油脂，否则都会影响打发效果。

如果是冰冻的鸡蛋，需要先在常温放置解冻，否则鸡蛋不容易打发。

60

制作面包用的酵母有哪些种类?

在面包制作中要用到酵母。根据酵母含水量的不同可分为干酵母（包含即发活性干酵母和活性干酵母）、半干酵母、鲜酵母和酵母乳等；又根据耐糖性的不同可分为高糖酵母和低糖酵母。目前最常用的酵母为即发活性干酵母和鲜酵母。

61

酵母的使用及保存方法

酵母是一种有活性的真菌微生物，在一定的条件下将糖转化为二氧化碳、乙醇和水，因此在使用时需要注意以下事项：

（1）避免将酵母放在冰水中溶解；

（2）在气温较低的环境下需要增加酵母的用量；

（3）如果使用了防腐剂，需要增加酵母的用量才能保证与没有添加防腐剂的发酵时间相同；

（4）干酵母在长时间不用时要密封冷藏保存，以防止酵母活力快速下降；

（5）鲜酵母需要在 0℃ ~4℃冷藏箱中保存。

62

高糖酵母与低糖酵母有什么区别?

　　这两种酵母对糖的耐受性不一样,在糖含量较高的环境中高糖酵母的产气量要明显高于低糖酵母。因此我们一般根据面团中糖含量的多少来选用高糖酵母或低糖酵母,当糖含量超过 7% 时,选用高糖酵母,反之选用低糖酵母。

63

膨松剂如何分类? 应用上要注意什么?

　　焙烤食品中使用的膨松剂可分为化学膨松剂和生物膨松剂两种,化学膨松剂又分为碱性膨松剂和复合膨松剂。

　　在应用上要注意这几种膨松剂的膨松原理是不同的。生物膨松剂是利用酵母这种微生物的繁殖产气起到膨松作用的,所以在使用中要注意生存的环境是否有利于它的生长繁殖,影响因素有温度、湿度、酸度、时间等。碱性疏松剂主要有碳酸氢钠和碳酸氢铵,它们在温度升高时分解产生二氧化碳,从而起到膨松作用。复合膨松剂含有的酸性物质与碱性物质在有水的情况下产生化学反应,生成二氧化碳,从而起到膨松作用。

64

面粉处理剂的作用

我国允许使用的面粉处理剂有偶氮甲酰胺、L－半胱氨酸盐酸盐、抗坏血酸、碳酸镁等。面粉处理剂的功能是促进面粉（主要指小麦粉）的熟化和提高食品质量。

例如，偶氮甲酰胺有一定的氧化漂白作用，可使小麦粉增白，还具有一定的熟成作用。其氧化作用可使小麦粉中蛋白质的硫氢基氧化成二硫键，有利于蛋白质网状结构的形成。与此同时，又可抑制小麦粉中蛋白质分解酶的作用，避免蛋白质分解，借以增强面团弹性、延伸性、持气性，改善面团质构，从而提高焙烤食品的质量。

具有还原作用的L－半胱氨酸盐酸盐，不但能促进小麦粉中蛋白质网状结构的形成，而且能防止老化，提高制品质量，缩短发酵时间。

营
养
篇

65

如何选择焙烤食品才健康?

焙烤食品已经成为当今人们生活不可或缺的必需食品之一。它不仅具有较高的营养价值,应时适口,而且品类繁多,形色俱佳,可以在饭前或饭后作为茶点品味,又能作为主食,还可以作为馈赠之礼品,满足不同消费者的多种需要。近年来,随着人民生活水平的提高和健康意识的增强,人们对焙烤食品的消费观念也在逐渐发生变化:注重天然、营养、保健、安全、卫生,甚至要求消费和文化体验相结合。那么,我们应如何科学、合理地消费焙烤食品呢?

选购和食用焙烤食品时需要注意以下几点:① 选择正规的生产厂家,不购买"三无"产品。② 注意配料中的过敏原料,若对某种原料过敏则应慎重食用。③ 糖醇产品是以麦芽糖醇作为甜味调节剂,因麦芽糖醇在人体内不易被消化,食用糖醇产品要适量,切忌贪多导致消化不良。④ 糖尿病人消费焙烤食品时应以糖醇产品或低糖产品为主,并且注意食用适量。⑤ 选择上午、下午食用焙烤食品,切忌晚上临睡前食用,此外,食用完毕应多运动,增加能量消耗,减少脂肪囤积的风险。

66

在超市选购焙烤食品时，
到哪儿能找到营养信息？

　　超市出售的预先包装好的焙烤食品，在其包装的侧面或者背面有一个表格，叫营养成分表。它可以提供您购买的饼干中每100g 或者每份中含有多少能量、蛋白质、脂肪、碳水化合物、钠等信息。有的产品还有其他的成分信息，如饱和脂肪、反式脂肪酸、钙、维生素 A 等；有的产品还有"高钙"字样的营养信息。

　　我国 2013 年 1 月 1 日开始实施的《食品安全国家标准　预包装食品营养标签通则》（GB 28050—2011）中，强制要求所有的预包装食品（豁免的除外）上都标示营养信息（能量、蛋白质、脂肪、碳水化合物、钠，即"1+4"），这是为满足消费者的健康选择需求而确定的国家标准内容。

营养成分表		
项目	每 100g	NRV%
能量	1569kJ	19%
蛋白质	7.0g	12%
脂肪	17.0g	28%
一反式脂肪	0g	
碳水化合物	47.0g	16%
钠	406mg	20%

67

如何读懂焙烤食品包装上的营养信息?

要了解焙烤食品上的营养信息，首先，要看看营养成分表。别看这个表格不大，但是五脏俱全，是一个包含食品营养成分名称、含量和占营养素参考值（NRV）百分比的规范性表格。

其次，可以看看包装上的营养声称，它是对食品营养特性的描述和声明，如能量水平、蛋白质含量水平。它是基于营养成分表中的含量数值达到我国规定的一定要求后，用消费者更加明白的语言，对营养成分的含量水平进行通俗化的描述，特点是直观、简单、易懂，有助于消费者快速选择。营养声称包括含量声称和比较声称。例如焙烤食品中常见的"高钙"面包就属于含量声称，而"减糖""加钙"面包等则属于比较声称，即通过跟同类产品的比较而得出的。

最后，还可以看是否有营养成分功能声称。它是指某营养成分可以维持人体正常生长、发育和正常生理功能等作用的声称。

68

给小孩子买饼干，主要看什么内容?

　　饼干的主要配料就是糖、面、油和其他原料。糖、面、油的配比不同，造出了风格迥异的口感。在购买给小孩吃的饼干时，应该主要关注饼干中的蛋白质、脂肪和碳水化合物（糖）含量，蛋白质不宜过低，脂肪和碳水化合物（糖）不宜过高，这样根据营养标签和口感，可综合判断给孩子吃的量。如果饼干中加了较多的脂肪，如动物油脂、植物油等，营养成分表中脂肪含量会比较高，这种饼干往往口感较酥，有湿润感；而如果动植物油脂使用比较少，则脂肪含量低，这种饼干往往口感较脆，比较干。另外，碳水化合物含量高的饼干，要注意配料表中白砂糖的添加，它在配料表中的位置越靠前，添加量越高。

配料: 小麦粉，白砂糖，食用植物油，可可粉，淀粉，食用葡萄糖，乳清粉，乳粉，食品添加剂（碳酸氢钠，碳酸氢铵，柠檬酸，大豆磷脂，胭脂虫红，天然胡萝卜素），食用盐，树莓粉，食用香精香料。
过敏原信息: 含有小麦、牛奶和大豆。此生产线也加工含有花生，芝麻及蛋制品的产品。
贮存条件: 存放于阴凉干燥处，避免阳光直射。
为保持饼干松脆，在开封后请把产品重新封好或存放于密封罐内。

营养成分表 Nutrition Information		
项目 /Items	每 100 克 per 100g	营养素参考值% NRV%
能量 /Energy	2035 千焦 (kJ)	24%
蛋白质 /Protein	4.8 克 (g)	8%
脂肪 /Fat	22.5 克 (g)	38%
碳水化合物 /Carbohydrate	65.0 克 (g)	22%
钠 /Sodium	420 毫克 (mg)	21%

69

老年人买面包，
重点应关注标签上的哪些信息？

老年人在选购面包的时候，除了关注口味，还要重点关注营养标签中脂肪、糖和钠的含量，帮助自己选择适合的产品。一些面包在制作时减少了油的用量，因此所含脂肪较少，面包的口感比较干硬。一些含糖少的面包也可能使用了食糖的替代品来补充口味，从而降低热量。考虑到面包属于主食，食用量较大，盐也要关注，应当注意钠的含量及其营养素参考值（NRV）百分比。

70 粗纤维面包，是不是表明其膳食纤维含量很高？

在粗粮越来越受欢迎的今天，粗纤维面包也成为一种受到消费者欢迎的产品。很多消费者认为，粗纤维面包就等于高纤维面包，这到底是不是呢？下面以市场上的一个产品为例进行说明。

某品牌粗纤维面包配料为小麦粉、麦麸等，产品添加了麦麸以增加膳食纤维的含量。接着，我们来看看它的营养成分表。

营养成分表

项目	每100g	NRV%
能量	1510kJ	18%
蛋白质	11.0g	18%
脂肪	1.6g	3%
碳水化合物	73.5g	25%
膳食纤维	1.8g	7%
钠	50mg	5%

营养成分表中除了常见的"1+4"，还多了一项"膳食纤维"。每100g粗纤维面包中含有1.8g膳食纤维，大约提供一天所需膳食纤维的7%。我国标准规定，如果声称"含有"膳食纤维，那么膳食纤维至少要达到每100g面包中含有3g，如果声称"高"膳食纤维，则至少要达到每100g面包中含有6g才可以。

因此，这个产品虽然加入麦麸以增加膳食纤维含量，但不能声称"含有"膳食纤维，更不能声称"高"膳食纤维。这就提示我们选购产品时不能只看产品名称，更要了解配料和营养成分。说到底，一种食品中某种营养素含量的高低，还是主要看它在营养成分表中标示的情况。

71　营养强化饼干
可以添加哪些营养素呢？

　　营养强化饼干是指在饼干生产过程中添加了某些营养强化剂而生产的饼干。由于很多人把饼干作为早餐的重要组成部分，但饼干的主要原料是小麦粉，而小麦粉中某些维生素和矿物质含量较低，因此，我国允许在小麦粉中添加某些营养素来弥补这一不足，提升产品的营养价值。

　　目前，我国规定可以在饼干中强化的营养素有 11 种，包括维生素 A、维生素 D、维生素 B_1、维生素 B_2、维生素 B_6、烟酸（尼克酸）、叶酸、铁、钙、锌、硒。这是考虑到饼干本身的营养价值，结合我国人群容易缺乏的维生素和矿物质等情况而确定的。

72

看到超市有"高钙"苏打饼干，
多少钙才能算高钙？

"高钙"属于一种含量声称，含量声称的优点是能够直观地告诉消费者产品的营养特性，让消费者方便快捷地做出选择。

根据我国标准的规定，如果对某种矿物质声称"富含"或"高"，每 100g 食品中该矿物质的含量应 ≥ 30%NRV，或每 100mL 食品中该矿物质的含量 ≥ 15%NRV，或每 420kJ 食品中该矿物质的含量 ≥ 10%NRV。钙的营养素参考值（NRV）为 800mg，因此，对于苏打饼干来说，满足每 100g 饼干中钙含量 ≥ 240mg 才可以声称为高钙苏打饼干。

您可以核对一下营养成分表中的钙含量以及 NRV% 是不是满足上述要求，其他营养素也可以类推。

73

早餐饼干和其他饼干的营养价值有什么不同吗？

　　我国国家标准《饼干》（GB/T 20980—2007）中根据原料及加工工艺的不同，将饼干分为酥性饼干、韧性饼干、发酵饼干、压缩饼干、曲奇饼干、夹心饼干、威化饼干、蛋圆饼干、蛋卷、煎饼、装饰饼干、以及水泡饼干，但并未对早餐饼干进行定义。因此，早餐饼干属于普通饼干的一种，其原料及营养价值会随各品牌的配方差异而有所不同。

　　无论什么饼干，其具体的营养成分和含量应参考标签上的营养成分表。一日三餐，早餐尤为重要，一般建议早餐提供一个人一天所需营养的 30%，建议大家一定要注重早餐的营养，不能以单一饼干代替早餐，要做到合理搭配，均衡膳食。

74

如何判断面包中的钠含量？

面包主要是由面粉、油、糖、盐及其他原料经过发酵、烘焙等工艺加工而成的一类产品，因食用方便、口味丰富多样而深受消费者喜爱。

面包主要为我们提供能量和碳水化合物，我们其实是不希望面包中有很多钠的。判断面包中钠含量高不高，需要注意两个地方：一是配料表，看看有没有使用食用盐；二是营养成分表，看看钠的含量以及 NRV%。与其他同类产品比较一下，可以帮助您做出正确选择。

75

散装的糕点找不到营养信息，
应该怎么选择？

我国目前尚没有要求散装食品标示营养信息，因此散装食品没有营养标签。消费者可参考同类型的预包装食品的营养信息，或者通过查询《中国食物成分表》来了解其营养信息，做出健康选择。

76

木糖醇食品适合什么人群?

木糖醇是一种糖醇类物质，是最常见的糖替代品。与其他碳水化合物相比，木糖醇提供的能量较低，一般 1g 碳水化合物可提供 17kJ 的能量，而 1g 木糖醇则只提供 10kJ 能量，且木糖醇吸收及代谢较葡萄糖更为缓慢。因此，木糖醇作为蔗糖或葡萄糖的代用品被广泛用于糖尿病人专用食品中。但值得注意的是，木糖醇食品中也可能会使用一些白砂糖或者其他精制糖，所以最好再关注一下配料表的信息。

另外，木糖醇吃多了对胃肠会有一定刺激，可能引起腹部不适、胀气、肠鸣，食用过量木糖醇后有可能导致轻度腹泻。在欧美一些国家，含有木糖醇的食品一般都会在标签上注明"过量摄取可能会导致腹泻"的消费提示。

77

糖尿病人能吃焙烤食品吗？
应注意哪些问题？

糖尿病人群应尽量减少摄入糖含量高的食品，而焙烤食品的主要原料是小麦粉，碳水化合物含量高一些，所以很多人不敢选择。其实糖尿病人也是可以吃焙烤食品的，但应注意一些事项。

对于糖尿病患者来说，在选择焙烤食品的时候，更应该关注该焙烤食品中有没有添加糖。首选配料表中没有添加糖的产品，比如纯咸味的焙烤食品，可以将糖的含量降到最低。还可以选择用甜味剂替代糖制作的甜味焙烤食品，比如糖醇类产品，这类产品没有使用糖原料或用量很小，对一些既想吃甜食，又不能摄入过多糖分的糖尿病患者来说是一个福音。

但是这里需要注意的是，对于焙烤食品而言，即使配料表中标示没有添加糖，并不代表这个产品为无糖产品，因为焙烤食品使用的小麦粉、豆类等原料均含淀粉，在人体消化吸收的过程中，部分淀粉最终会转化为葡萄糖，也会导致身体血糖的升高。因此，糖尿病人仍应当注意每日碳水化合物总摄入量的控制。

安全篇

78

为什么保质期内的焙烤食品还要符合相应的储存条件才能放心食用？

安全篇

食品保质期是指食品在标明的储存条件下保持品质的期限，企业会根据产品生产工艺、自身特性、储存要求和具体包装形式等，依据实验数据分析来确定产品的保质期。保质期相当于企业针对产品对消费者给出的承诺。在保质期内，食品的风味、口感、安全性都有保证，可以放心食用。

但要注意的是，食品保质期有两个元素构成，一是储存条件，二是期限，两者紧密相关，不可分割。储存条件必须在食品标签中标明，通常包括：常温、避光、冷藏、冷冻等要求。如果产品储存条件不符合规定，食品的保质期很可能会缩短，甚至丧失安全性保障。

因此，保质期内的焙烤食品还要符合相应的储存条件才能放心食用。

79

为什么面包会发霉呢？

工业化生产的面包如果加工方法得当，一般没有足量水分支持除霉菌以外的其他细菌生长。由于面包有表层外皮覆盖在柔软内侧上，烘烤完成之后，霉菌不会立刻繁殖，但是会因保存于室温或冷藏而导致柔软内侧的水分产生气化，表层外侧吸收了水分，水分含有量和水分活度上升，从而为霉菌创造了良好的生长环境。

80

过了保质期的焙烤食品
为什么不能再继续销售？

过了保质期的食品并不等同于有害食品。有些食品只是过了最佳品质期限，发生的主要变化是感官品质的变差，仍可以继续食用，或降级作为饲料等。而有些食品过了保质期后可能会有安全隐患，如微生物超标、酸价超标等。因此，为了保证食品的品质和安全，过了保质期的食品不能再继续销售，必须下架。

81

焙烤食品中微生物指标超标一定会导致食用者生病吗？

焙烤食品中微生物指标超标不一定会导致食用者生病。

《食品安全国家标准　糕点、面包》（GB 7099—2015）、《食品安全国家标准　饼干》（GB 7100—2015）和《食品安全国家标准　食品中致病菌限量》（GB 29921—2013）中提到的微生物指标分为两类，一类是卫生指示菌：菌落总数、大肠菌群、霉菌；另一类是致病菌：金黄色葡萄球菌、沙门氏菌。

菌落总数是指在一定条件下（如需氧情况、营养条件、pH、培养温度和时间等）每克（或每毫升）检样所生长出来的微生物菌落总数。大肠菌群是指在一定培养条件下能够发酵乳糖、产酸产气的需氧或兼性厌氧的一类革兰氏阴性无芽孢杆菌，可用于判断受到粪便污染的可能性。因此，菌落总数和大肠菌群都不代表某一种确定的细菌，而是一组细菌的统称，既包括致病菌，也包括大量的非致病菌。菌落总数和大肠菌群在食品卫生上用以指示食品在生产过程中的受污染程度，可以间接反映出食品生产、经营环节卫生状况的优劣，对于控制食品致病微生物污染是很好的参考指标，但不能直接反映出不合格产品导致人群健康问题的风险程度。

金黄色葡萄球菌、沙门氏菌等致病菌指标则是直接反映食品中某种致病菌的污染程度，食用致病菌超标的食品发生腹泻等疾病的危险性很高，但是否生病还要看实际摄入量和个人身体状况等因素。

82

使用了人造奶油（人造黄油）的焙烤食品反式脂肪酸就一定很高吗？

《食品安全国家标准 食用油脂制品》（GB 15196—2015）中人造奶油（人造黄油）的定义是：以食用动、植物油脂及氢化、分提、酯交换油脂中的一种或几种油脂的混合物为主要原料，添加或不添加水和其他辅料，经乳化、急冷或不经急冷捏合而制成的具有类似天然奶油特色的可塑性或流动性的食用油脂制品。从定义中可以看出，人造奶油（人造黄油）使用氢化法制作只是其中的一类产品，不是所有的人造奶油都需要氢化工艺，还有分提和酯交换工艺制作的产品。因此，人造奶油（人造黄油）≠氢化（或部分氢化）植物油。目前，国内大型的油脂制品公司已基本不用氢化工艺来生产人造奶油，而是使用酯交换等工艺生产，以便控制其反式脂肪酸含量。运用酯交换工艺生产的人造奶油，其反式脂肪酸含量非常低，可以达到《食品安全国家标准 预包装食品营养标签通则》（GB 28050—2011）关于"反式脂肪（酸）"的"0"界限值"≤ 0.3g/100g（或100mL）"的限量要求。

焙烤食品使用人造奶油（人造黄油）可以使产品更加美味、美观。比如各种美丽造型及美味可口的蛋糕西点，就是利用人造奶油良好的可塑性特性。其实，人造奶油只是焙烤食品众多配料中的一种，使用反式脂肪酸含量较低或"0"反式脂肪（酸）的人造奶油做成的焙烤食品，消费者完全可以不必担心反式脂肪酸的危害。

83

人造奶油做的裱花蛋糕一天吃多少分量会影响人的健康？

从营养学的角度，适量摄入使用符合我国标准和规范等要求的原料生产的裱花蛋糕不会对人体健康产生负面影响。我国对使用氢化油脂的包装食品提出了标注反式脂肪酸含量的要求，如果经常食用裱花蛋糕，应尽量选择标注"0"反式脂肪酸的产品。当然，奶油蛋糕属于热量比较高的食物，无论是使用人造奶油还是动物奶油的蛋糕，消费者都要根据自己的身体情况适量食用。

84

焙烤食品制作过程中使用的硅胶模具安全吗？
在高温下会释放不好的东西吗？

　　硅胶是一种高活性吸附材料，颜色呈白色不透明状，属非晶态物质，热稳定性好，不溶于水和任何溶剂，无毒无味，化学性质稳定，除强碱、氢氟酸外不与任何物质发生反应。硅胶模具是专门制作工艺品的一些模具胶，具有很高的耐腐蚀，耐高温性，正规厂家生产的硅胶模具所使用的硅胶原材料都是很安全的。

85

使用铝制模具焙烤食物会对人体造成伤害吗?

好的铝合金颜色很有光泽,不能有发暗的皱折和小坑,否则,里面的铅和有害物质对人体有害。做过阳极处理的铝合金表面非常光亮,是用一种特殊的药水加工,使表面氧化,形成一层氧化膜,耐酸碱腐蚀,保护铅不附在蛋糕上。

硬膜的铝合金表面更加坚硬,耐刮伤,一般处理成黑色,有吸热和抗辐射作用,是比阳极更高级的表面处理方式,值得选择。

劣质的铝模散发出的铅容易使人皮肤过敏、铅中毒,造成人体痴呆等健康隐患,是不能使用的。

86

常用的耐烤油布对人体有害吗?

耐烤油布又叫不沾布或高温布,是一种很方便的焙烤工具。

高温布是采用玻璃纤维布涂覆优质特氟龙制作而成,具有防粘防油的特点,其耐温范围大,常规耐温 −70℃ ~260℃,最高可达 380℃。

特氟龙材料具有抗酸抗碱、抗有机溶剂的特点,几乎不溶于所有的溶剂,它还具有耐高温的特点,且它的摩擦系数极低,成为了不粘锅和水管内层的理想涂料,水、油亦不会溶出或因高温迁移其中的有害物质,因此食物在耐烤油布上焙烤是安全的。

87

焙烤食品现行相关标准有哪些?

焙烤食品标准根据标准适用范围分为国家标准、行业标准、地方标准和企业标准,根据标准化的对象和作用分为基础标准、产品标准、方法标准和安全标准等。

目前,现行的焙烤食品相关标准如下:

- 食品安全国家标准

《食品安全国家标准 糕点、面包》 GB 7099—2015

《食品安全国家标准 饼干》 GB 7100—2015

《食品安全国家标准 糕点、面包卫生规范》 GB 8957—2016

《食品安全国家标准 食品添加剂使用标准》 GB 2760—2014

《食品安全国家标准 预包装食品标签通则》 GB 7718 2011

《食品安全国家标准 预包装食品营养标签通则》 GB 28050—2011

《食品安全国家标准 食品中污染物限量》 GB 2762—2017

《食品安全国家标准 食品中致病菌限量》 GB 29921—2013

- 推荐性国家标准

《糕点通则》 GB/T 20977—2007

《糕点分类》 GB/T 30645—2014

《糕点术语》 GB/T 12140—2007

《月饼》 GB/T 19855—2015

《裱花蛋糕》 GB/T 31059—2014

《沙琪玛》 GB/T 22475—2008

《元宵》 GB/T 23500—2009

《饼干》 GB/T 20980—2007

《面包》 GB/T 20981—2007

《食品馅料》 GB/T 21270—2007

《糕点质量检验方法》 GB/T 23780—2009

- 行业标准

《蛋类芯饼(蛋黄派)》 SB/T 10403—2006

《粽子》 SB/T 10377—2004

《植脂奶油》 SB/T 10419—2017

《年糕》 SB/T 10507—2008

88

焙烤食品常用的食品添加剂有哪些？

食品添加剂是为改善食品品质和色、香、味，以及为防腐、保鲜和加工工艺的需要而加入食品中的人工合成的或者天然的物质。

焙烤食品中常用的食品添加剂有膨松剂（如碳酸氢铵、碳酸氢钠）、酸度调节剂（如碳酸钠）、乳化剂（如单，双甘油脂肪酸酯）、甜味剂（如甜菊糖苷、麦芽糖醇、木糖醇）、着色剂（如胭脂红、柠檬黄）、防腐剂（如脱氢乙酸钠、山梨酸）和食品用香精香料等。

在焙烤食品中使用食品添加剂时，应严格按照《食品安全国家标准　食品添加剂使用标准》（GB 2760—2014）的规定使用。

89

焙烤食品中添加的食品添加剂有没有危害?

我国国家标准 GB 2760—2014 对每一种允许使用的食品添加剂都规定了使用量和适用范围,并经过严格的安全性评价。只要按照国家规定的法律法规及国家制定的标准等有关规定,规范合理使用食品添加剂就不会对人体健康造成危害。反之,如果滥用(如超量、超范围使用)则有可能对消费者的健康造成危害。

90

焙烤食品中可以不使用食品添加剂吗?

家庭制作的焙烤食品如果不太追求品质,完全可以不使用食品添加剂。但是,食品添加剂在食品工艺中有巨大的作用,既可以防腐、保鲜,提高食品的流通范围,延长储存时间,又可以提升食品口味、外观和营养。

例如,很多焙烤食品使用的油脂本身容易变质,适当加入抗氧化剂能够抑制和延缓油脂变质,提升其食品安全性和食品本身的口感;在一些糕点中加入食用级的着色剂可以美化其外观。

因此,食品添加剂满足了我们对焙烤食品色香味等品质的追求,使焙烤食品种类、口味变得更加丰富,在焙烤食品中需要适当地使用食品添加剂。

91

"鞋底面包"事件是怎么回事？

"鞋底面包"事件是因美国消费者发现赛百味在北美地区所售食物中含有与制造鞋底相同的化学成分"偶氮甲酰胺"而得名。实际上，很多食品添加剂都是可以用在非食品加工产品中的，只是级别或者用量上有区别。

偶氮甲酰胺是一种可以在面粉中使用的"文武双全"的食品添加剂，既可以增筋，又可以漂白。联合国粮农组织／世界卫生组织食品添加剂联合委员会（JECFA）对偶氮甲酰胺的评估结论为"很安全"，我国和美国、加拿大等很多国家都允许用于食品。只因偶氮甲酰胺也可用于生产鞋底的塑料就被阐释为"面包中含有鞋底原料"，就如同将富含人体必需铁元素的食物比作含有铁块一样，缺乏最基本的逻辑。

前景篇

92

焙烤食品的国际发展趋势如何?

焙烤食品在欧美国家早已成为人们生活的必需品。作为主食,面包和饼干等焙烤产品在西方家庭的三餐中占据着主要地位,欧美国家的焙烤食品质量、生产工艺和技术等方面均在不断提高,市场规模总体呈扩大趋势。而在亚洲地区,由于传统饮食习惯的差异,以及焙烤食品产业发展时间较短等原因,焙烤食品人均消费量总体偏低。但是,近年来,随着经济全球化的发展,居民生活水平的提高,人们对食品的质量和口味也提出了更高的要求,亚洲地区消费者对焙烤食品的认知度在不断提升,人均消费量在持续增长,行业规模呈快速增长的态势。为满足消费者日益增长的消费需求,焙烤食品的品种也呈现多样化的趋势。

93

我国焙烤食品行业发展情况如何?

现代焙烤食品工业源自欧美,后流入日本和我国港、澳、台地区,于20世纪80年代从香港台湾地区引入中国大陆。随着改革开放和中国经济的不断增长,新技术、原料和设备的不断引进,国内的焙烤食品行业迅速发展。

根据国家统计局对规模以上企业统计的数据及行业测算数据显示,2016年国内焙烤食品行业中糕点/面包产量合计约为430万吨(行业估算数值),主营业务收入为1205.86亿元,同比增长13.34%;饼干产量合计约为990万吨(行业估算数值),主营业务收入为1979.01亿元,同比增长9.47%。

焙烤食品行业在我国已成为一个独特的中西饮食文化交融的新兴行业。据行业统计,截至2016年12月焙烤食品行业通过食品生产许可的企业数为:糕点11895家,饼干1335家。

目前,从市场上我们能看到,焙烤食品的花色品种、产品质量、包装材料和设计等都有了显著提升。各种不同风格、不同口味的面包和中西式糕点琳琅满目,饼干的花色品种数不胜数。产品档次不断提高,新产品不断涌现,加工工艺和技术水平不断提高,包装也日趋新颖,在满足国内百姓消费需求的同时,还有部分产品出口,进入国际市场运营的大循环,体现了行业发展的国际化趋势。全行业的技术和装备水平得到了大幅提高,规范化管理意识逐步增强,提供安全、优质、营养、健康、时尚的食品已成为行业的共识。

　　总体来看，我国焙烤食品行业取得了令人瞩目的发展，近年来始终处在良性发展的轨道上，本行业经过多年的发展，已经奠定了较为坚实的基础，也具备了一定的抗风险能力和持续发展的潜力，基本能够满足百姓消费需求。但欧美、日本等发达国家和地区，在设备、工艺、管理水平、从业人员综合素质等各方面，依然有许多值得我们学习的地方。